LE PRIEURÉ

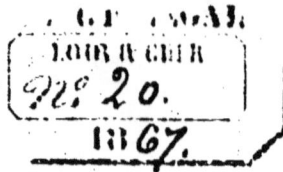

ROBERT-HOUDIN

—

LE PRIEURÉ

—

ORGANISATIONS MYSTÉRIEUSES

POUR

LE CONFORT ET L'AGRÉMENT

D'UNE DEMEURE

—

PARIS

MICHEL LÉVY frères, éditeurs

Librairie Nouvelle, boulevard des Italiens, 15.

1867

NOTE DE L'ÉDITEUR.

—

Cette Notice a été extraite d'un ouvrage de M. Robert-Houdin, ayant pour titre : LES SECRETS DE LA MAGIE; dont elle forme l'introduction; nous en avons fait l'objet d'une brochure séparée dans l'espoir que les détails qu'elle contient intéresseront les personnes recherchant dans l'électricité et dans la mécanique d'ingénieuses organisations pour le confort et l'agrément de leur demeure.

SOMMAIRE.

—

Saint-Gervais. — Le Prieuré. — Un concierge électrique. — Moyen de reconnaître à 400 mètres d'éloignement le nombre et la nature des visiteurs qui entrent dans une demeure. — Boîte aux lettres indiquant, à distance, l'espèce et la quantité des dépêches. — Comment on parvient à assurer à son cheval l'exactitude de ses repas et l'intégrité de ses rations. — Réveil irrésistible. — Unification de l'heure sur tous les cadrans. — Grosse sonnerie d'horloge se remontant par le va-et-vient des domestiques, et cela sans qu'ils s'en doutent. — Procédé pour forcer la cuisinière à préparer le dîner à l'heure que l'on désire. — Contrôleur de la température d'une serre. — Avertisseur d'incendie. — Voleurs pris au trébuchet. — Tir au pistolet et couronnement du vainqueur par l'électricité. — Chemin de fer aérien.

INTRODUCTION

DANS LA DEMEURE DE L'AUTEUR

———◄✦►———

Je possède et j'habite à Saint-Gervais, près Blois,
une demeure dans laquelle j'ai organisé des agen-
cements, je dirais, presque, des trucs qui, sans être
aussi prestigieux que ceux de mes séances, ne m'en
ont pas moins donné dans le pays, à certaine épo-
que, la dangereuse réputation d'un homme possé-
dant des pouvoirs surnaturels.

Ces organisations mystérieuses ne sont, à vrai

dire, que d'utiles applications de la science aux usages domestiques.

J'ai pensé qu'il serait peut-être agréable au public de connaître ces petits secrets dont on a beaucoup parlé, et j'ai cru ne pouvoir mieux faire pour leur publicité, que de les placer en tête d'un ouvrage plein de révélations et de confidences.

Si le lecteur veut bien me suivre, je vais le conduire jusqu'à Saint-Gervais, l'introduire dans mon habitation, lui servir de cicérone et pour lui éviter tout déplacement et toute fatigue, je ferai en sorte, en ma qualité d'ex-sorcier, que son voyage et sa visite s'exécutent sans changer de place.

LE PRIEURÉ

***

A deux kilomètres de Blois, sur la rive gauche de la Loire, est un petit village dont le nom rappelle aux gourmets de savoureux souvenirs. C'est là que se fabrique la fameuse crème de Saint-Gervais.

Ce n'est pas assurément le culte de cette blanche friandise qui m'a porté à choisir cet endroit pour y fixer ma résidence. C'est à l'*Amour sacré de la patrie*, seulement, que je dois d'avoir pour vis-à-vis cette bonne ville de Blois qui m'a fait l'honneur de me donner le jour.

Une promenade, droite comme un I majuscule, relie Saint-Gervais à ma ville natale. Sur l'extrémité de cet I tombe à angle droit un chemin communal longeant notre village et conduisant au *Prieuré*.

Le Prieuré, c'est mon modeste domaine, que mon ami Dantan jeune a nommé, par extension, l'abbaye de *l'Attrape*.

*

Lorsqu'on arrive au Prieuré, on a devant soi :

1° Une grille pour l'entrée des voitures ;

2° Une porte, sur la gauche, pour le passage des visiteurs ;

3° Une boîte, sur la droite, avec ouverture à bascule, pour l'introduction des lettres et des journaux.

La maison d'habitation est située à 400 mètres de cet endroit ; une allée large et sinueuse y conduit à travers un petit parc embragé d'arbres séculaires.

Cette courte description topographique fera comprendre au lecteur la nécessité des procédés électriques que j'ai organisés à mes portes pour remplir automatiquement les fonctions d'un concierge :

La porte des visiteurs est peinte en blanc. Sur cette porte immaculée apparaît, à hauteur d'œil, une plaque en cuivre et dorée, portant le nom de Robert-Houdin ; cette indication est de la plus

grande utilité, nul voisin n'étant là pour renseigner
le visiteur.

Au-dessous de cette plaque est un petit marteau
également doré dont la forme indique suffisamment
les fonctions ; mais, pour qu'il n'y ait aucun doute
à cet égard, une petite tête fantastique et deux mains
de même nature sortant de la porte, comme d'un
pilori, semblent indiquer le mot : *Frappez*, qui est
placé au-dessous d'elles.

Le visiteur soulève le marteau selon sa fantaisie,
mais, si faible que soit le coup, là-bas, à 400 mètres
de distance, un carillon énergique se fait entendre
dans toutes les parties de la maison, sans blesser,
pour cela, l'oreille la plus délicate.

Si le carillon cessait avec la percussion, comme
dans les sonneries ordinaires, rien ne viendrait
contrôler l'ouverture de la porte, et le visiteur ris-
querait de monter la garde devant le Prieuré.

Il n'en est pas ainsi : La cloche sonne incessamment et ne cesse son appel que lorsque la serrure
a fonctionné régulièrement.

Pour ouvrir cette serrure, il a suffi de pousser un
bouton placé dans le vestibule. C'est presque le
cordon du concierge.

Par la cessation de la sonnerie, le domestique est donc averti du succès de son service.

Mais cela ne suffit pas ; Il faut aussi que le visiteur sache qu'il peut entrer.

Voici ce qui se passe à cet effet : en même temps que fonctionne la serrure, le nom de Robert-Houdin disparaît subitement et se trouve remplacé par une plaque en émail, sur laquelle est peint en gros caractères le mot : ENTREZ !

A cette intelligible invitation, le visiteur tourne un bouton d'ivoire, et il entre en poussant la porte, qu'il n'a pas même la peine de refermer, un ressort se chargeant de ce soin.

La porte une fois fermée, on ne peut plus sortir sans certaines formalités. Tout est rentré dans l'ordre primitif, et le nom propre a remplacé le mot d'invitation.

Cette fermeture présente, en outre, une sûreté pour les maîtres du logis : Si par erreur, par enfantillage ou par maladresse, un domestique tire le cordon, la porte ne s'ouvre pas ; il faut pour cela que le marteau ait été soulevé et que l'avertissement de la cloche se soit fait entendre.

Le visiteur, en entrant, ne s'est pas douté qu'il a envoyé des avertissements à ses futurs hôtes. La porte, en s'ouvrant et en se fermant, a exécuté aux différents angles de son ouverture et de sa fermeture, une sonnerie d'un rhythme particulier.

Cette musique bizarre et de courte durée peut indiquer, par l'observation, si l'on reçoit *une ou plusieurs personnes*, si c'est un *habitué* de la maison ou un *visiteur nouveau*, si c'est enfin quelque *intrus* qui, ne connaissant pas la porte de service, s'est fourvoyé par cette ouverture.

Ici j'ai besoin de donner des explications, car ces effets qui semblent sortir des lois ordinaires de la mécanique, pourraient peut-être trouver quelques incrédules parmi mes lecteurs, si je ne prouvais ce que j'avance :

Mes procédés de reconnaissance à distance sont de la plus grande simplicité et reposent uniquement sur certaines observations d'acoustique qui ne m'ont jamais fait défaut.

Nous venons de dire que la porte en s'ouvrant envoyait, à deux angles différents de son ouverture, deux sonneries bien distinctes, lesquelles sonne-

ries se répétaient aux mêmes angles par la fermeture. Ces quatre petits carillons, bien que produits
par des mouvements différents arrivent au Prieuré
espacés par des silences de durée égale.

Avec une aussi simple disposition on peut, ainsi
qu'on va le voir, recevoir, à l'insu des visiteurs,
des avertissements bien différents :

Un seul visiteur se présente-t-il ; il sonne, on
ouvre, il entre en poussant la porte qui se referme
aussitôt. C'est ce que j'appelle l'ouverture norma-
le : les quatre coups se sont suivis à distances
égales : drin.... drin.... drin.... drin....
On a jugé au Prieuré qu'il n'est entré qu'une seule
personne.

Supposons, maintenant, qu'il nous vienne plusieurs visiteurs : La porte s'est ouverte d'après les
formalités ci-dessus indiquées. Le premier visiteur
entre en poussant la porte, et selon les règles pres-
crites par la politesse la plus élémentaire, il la tient
ouverte jusqu'à ce que chacun soit passé ; puis la
porte se referme lorsqu'elle est abandonnée. Or l'in-
tervalle entre les deux premiers et les deux derniers

coups a été proportionnel à la quantité des personnes qui sont entrées; le carillon s'est fait entendre ainsi: drin.... drin....   .... drin.... drin et pour une oreille exercée l'appréciation du nombre est des plus faciles.

*

L'habitué de la maison, lui, se reconnaît aisément : il frappe et sachant ce qui doit se produire devant lui, il ne s'arrête pas, comme l'on dit, aux bagatelles de la porte ; on ne lui a pas plus tôt ouvert que les quatre coups équi-distants se font entendre et annoncent son introduction.

*

Il n'en est pas de même pour un visiteur nouveau : celui-ci frappe, et lorsque paraît le mot *entrez*, sa surprise l'arrête ; ce n'est qu'au bout de quelques instants qu'il se décide à pousser la porte. Dans cette action, il observe tout ; sa démarche est lente et les quatre coups sont comme sa démarche drin...... drin...... drin...... drin..... On se prépare au Prieuré pour recevoir ce nouveau visiteur.

*

Le mendiant voyageur qui se présente à cette porte par ce qu'il ne connaît pas la porte de service, soulève timidement le marteau, et au lieu de voir, selon l'usage, quelqu'un venir pour lui ouvrir, il est témoin d'un procédé d'ouverture auquel il est loin de s'attendre ; il craint une indiscrétion ; il hésite à entrer et s'il le fait, ce n'est qu'après quelques instants d'attente et d'incertitude. On doit croire qu'il n'ouvre pas brusquement la porte. En entendant le carillon... d...r...i...n.... d...r...i...n... d...r...i...n... d...r...i...n... il semble aux gens de la maison qu'ils voient entrer ce pauvre diable. On va à sa rencontre avec certitude. On ne s'est jamais trompé.

*

Supposons maintenant qu'on vienne en voiture pour me visiter : Les grilles d'entrée sont ordinairement fermées, mais les cochers du pays savent tous par expérience ou par oui dire comment on les ouvre. L'automédon descend de son siége ; il se fait, d'abord, ouvrir la petite porte ; il entre. Ah ! par exemple, en voilà un dont le carillon est distinctif.

Drin. drin. drin. drin. On comprend au Prieuré que le cocher qui entre avec une telle précipitation veut faire preuve vis-à-vis de ses maîtres ou de ses *bourgeois* de son zèle et de son intelligence.

Notre homme trouve appendue à l'intérieur la clef de la grille qu'une inscription lui désigne ; il n'a plus qu'à ouvrir les portes à deux battants. Ce double mouvement s'entend et se voit, même dans la maison. A cet effet, est placé dans le vestibule un tableau sur lequel sont peints ces mots : LES PORTES DES GRILLES SONT.........

A la suite de cette inscription incomplète viennent se présenter successivement les mots OUVERTES ou FERMÉES selon que les grilles sont dans l'un ou l'autre de ces deux états ; et cette transposition alternative vient prouver matériellement la justesse de cet axiôme : Il faut qu'une porte soit ouverte ou fermée.

Avec un tel tableau, je puis, chaque soir, vérifier à distance la fermeture des portes de la maison.

*

Passons maintenant au service de la boîte aux lettres. Rien n'est plus simple, encore : J'ai dit plus haut que la boîte aux lettres était fermée par

2

une petite porte à bascule. Cette porte est disposée de telle sorte que lorsqu'elle s'ouvre, elle met en mouvement au Prieuré une sonnerie électrique. Or le facteur a reçu l'ordre de mettre d'abord d'un seul coup dans la boîte tous les journaux et d'y joindre les circulaires pour ne pas produire de fausses émotions; après quoi, il introduit les lettres, l'une après l'autre. On est donc averti à la maison de la remise de chacun de ces objets, de sorte que si l'on n'est pas matinal, on peut, de son lit, compter les diverses parties de son courrier.

Pour éviter d'envoyer porter les lettres à la poste du village, on fait la correspondance le soir ; puis, en tournant un index nommé *commutateur*, on transpose les avertissements , c'est-à-dire que le lendemain matin le facteur, en mettant son message dans la boîte, au lieu d'envoyer le carillon à la maison, entend près de lui une sonnerie qui l'avertit d'y venir prendre des lettres; il se sonne ainsi lui-même.

*

Ces organisations si agréablement utiles présentent, cependant, un inconvénient que je vais signaler, ce qui m'amènera à raconter incidemment au lecteur, une petite anecdote assez plaisante sur ce sujet :

Les habitants de Saint-Gervais ont une qualité que je me plais à leur reconnaître : ils sont très discrets. Il n'est jamais venu à l'idée d'aucun d'entre eux de toucher au marteau de ma porte d'entrée autrement que par nécessité.

Mais certains promeneurs de la ville y mettent moins de réserve et se permettent, quelquefois, de s'escrimer sur les accessoires électriques, pour en voir les effets.

Bien que très rares, ces indiscrétions ne laissent pas que d'être désagréables.

Tel est l'inconvénient dont je viens de parler et voici l'anecdote à laquelle il a donné lieu.

Un jour, Jean, le jardinier de la maison, travaillait près de la porte d'entrée ; il entend quelque bruit de ce côté et voit bientôt un flâneur de notre cité blésoise qui, après avoir fait manœuvrer le marteau, s'amusait à ouvrir et à fermer la porte, sans s'inquiéter du trouble qu'il portait à la maison.

Sur une remontrance que lui fait l'homme de
service, l'importun se contente de dire pour sa jus-
tification :

— Ah! oui, je sais; ça sonne là bas. Pardon !
je voulais voir comment ça fonctionnait.

— S'il en est ainsi, monsieur, c'est bien diffé-
rent, reprend le jardinier d'un ton de bonhomie affectée, je comprends votre désir de vous instruire
et je vous demande pardon, à mon tour, de vous
avoir dérangé dans vos observations.

Sur ce, sans paraître remarquer l'embarras de
son interlocuteur, Jean retourne à son ouvrage en
continuant de jouer l'indifférence la plus complète.
Mais Jean est un malin dans la double acception
du mot, il ne se trouve pas suffisamment satisfait,
et s'il refoule au fond de son cœur son reste de
mécontentement, c'est pour avoir une plus grande
liberté d'esprit dans un projet de représailles qu'il
vient de concevoir et qu'il se propose de mettre, le
jour même, à exécution.

Vers minuit, il se rend à la demeure du person-
nage ; il se pend à sa sonnette et carillonne de toute
la force de ses poignets.

Une fenêtre s'entr'ouvre au premier étage ; puis, par son entrebâillement, paraît un tête coiffée de nuit et empourprée par la colère.

Jean s'est muni d'une lanterne ; il en dirige les rayons vers sa victime:

— Bonsoir, monsieur, lui dit-il d'un ton ironiquement poli, comment vous portez-vous ?

— Que diable avez-vous donc à sonner ainsi, à pareille heure? répond la tête d'une voix courroucée.

— Oh ! pardon, Monsieur, reprend Jean en paraphrasant certaine réponse de son interlocuteur ; oui, je sais, ça sonne là-haut ; mais je voulais voir si votre sonnette fonctionnait aussi bien que le marteau du *Prieuré*. Bonsoir, monsieur !

Il était temps que Jean s'éloignât ; le monsieur était allé chercher, pour la lui jeter sur la tête. . . . une vengeance de nuit.

*

Pour conjurer cette petite misère, je plaçai sur ma porte un avis engageant chacun à ne pas toucher au marteau sans nécessité. Avis inutile! Il y avait toujours une nécessité pour frapper, c'était celle de satisfaire une ou plusieurs curiosités.

Ne pouvant échapper à ces persistantes indiscrétions je pris le parti de ne plus m'en taquiner et de les regarder au contraire comme un succès que m'attiraient mes procédés électriques.

Je n'eus qu'à me féliciter, plus tard, de ma conciliante détermination : car, soit que la curiosité locale se fût émoussée, soit toute autre cause, les importunités cessèrent d'elles-mêmes et maintenant il est fort rare que le marteau soit soulevé dans un autre but que celui de pénétrer dans ma demeure.

Mon *concierge électrique* ne me laisse donc plus rien à désirer. Son service est des plus exacts ; sa fidélité est à toute épreuve ; sa discrétion est sans égale ; quant à ses appointements, je doute qu'il soit possible de moins donner pour un employé aussi parfait.

*

Voici maintenant certains détails sur un procédé à l'aide duquel je parviens à assurer à mon cheval l'exactitude de ses repas et l'intégrité de ses rations.

Il est bon de dire que ce cheval est une jument,

bonne et douce fille quasi majeure, qui répondrait au nom de Fanchette, si la parole ne lui faisait défaut.

Fanchette est affectueuse et même caressante ; nous la regardons *presque* comme une amie de la maison, et c'est à ce titre que nous lui prodiguons toutes les douceurs qu'il lui est donné de goûter dans sa condition chevaline.

Ce petit préambule fera comprendre ma sollicitude à l'endroit des repas de notre chère bête.

Fanchette a une personne affectée à son service de bouche ; c'est un garçon fort honnête qui en, raison même de sa probité, ne se formalise aucunement de mes procédés... électriques.

Mais avant ce serviteur, j'en avais un autre. C'était un homme actif, intelligent, et qui s'était passionné pour l'art cultivé, jadis, par son patron. Il ne connaissait qu'un seul tour, mais il l'exécutait avec une rare habileté. Ce tour consistait à changer mon avoine en pièces de cinq francs.

Fanchette goûtait peu ce genre de spectacle, et, faute de pouvoir se plaindre, elle se contentait de protester par des défaillances accusatrices.

Cet escamotage étant bien constaté, je donnai le compte à mon artiste, et me décidai à distribuer moi-même à Fanchette son picotin réconfortant.

Je dis moi-même ; c'est beaucoup avancer, car, je dois le confesser, si ma bête eût dû compter sur mon exactitude pour faire ses repas à heure fixe, elle eût pu éprouver quelques déceptions à ce sujet.

Mais n'ai-je pas dans l'électricité et la mécanique des auxiliaires intelligents et sur le service desquels je puis compter ?

L'écurie est distante d'une quarantaine de mètres de la maison. Malgré cet éloignement, c'est de mon cabinet de travail que se fait la distribution. Une pendule est chargée de ce soin, à l'aide d'une communication électrique. Ces fonctions ont lieu trois fois par jour et à heure fixe. L'instrument distributeur est de la plus grande simplicité : c'est une boîte carrée en forme d'entonnoir, versant le picotin dans des proportions réglées à l'avance.

— Mais ! me dira-t-on, ne peut-on pas enlever au cheval son avoine aussitôt qu'elle vient de tomber?

Cette circonstance est prévue ; le cheval n'a rien à craindre de ce côté, car la détente électrique qui fait verser l'avoine ne peut avoir son effet qu'autant que la porte de l'écurie est fermée à clef.

— Mais le voleur ne peut-il pas s'enfermer avec le cheval ?

— Cela n'est pas possible, attendu que la serrure ne se ferme que du dehors.

— Alors on attendra que l'avoine soit tombée pour venir la soustraire.

— Oui, mais alors on est averti de ce manége par un carillon disposé de manière à se faire entendre au logis, si on ouvre la porte avant que l'avoine soit entièrement mangée par le cheval.

*

La pendule dont je viens de parler est chargée, en outre, de transmettre l'heure à deux grands cadrans placés, l'un au fronton de la maison, l'autre au logement du jardinier.

— Pourquoi ce luxe de deux grands cadrans, me direz-vous, lorsqu'un seul peut suffire pour l'extérieur ?

Je vous dois, lecteur, à ce sujet une explication

justificative. Lorsque je plaçai mon premier cadran électrique dans le fronton du *Prieuré*, c'était dans le double but d'indiquer l'heure à toute la vallée, et de donner aux gens de la maison une heure unique et régulatrice.

Mais une fois mon œuvre terminée, je m'aperçus que mon cadran était plus utile aux passants qu'à moi-même. J'étais obligé de sortir pour voir l'heure.

Je me creusai vainement la tête pendant quelque temps, pour parer à cet inconvénient. Je ne voyais d'autre solution à ce problème que de bâtir une maison en face de la mienne pour regarder mon cadran. Toutefois une idée beaucoup plus simple vint enfin me sortir d'embarras : le pignon du logement du jardinier était en vue de toutes nos fenêtres, j'y plaçai un second cadran et je le fis marcher par le même fil électrique que le premier.

Cette heure se communique par le même procédé à plusieurs cadrans placés dans différentes pièces de l'habitation.

Mais à tous ces cadrans il fallait une sonnerie unique, une sonnerie pouvant être entendue des habitants du Prieuré, ainsi que de tout le village.

Voici ce que j'organisai pour cela.

Sur le faîte de la maison est une sorte de campanille abritant une cloche d'un certain volume dont on se sert pour l'appel aux heures des repas.

Je plaçai au-dessous de cette cloche un rouage suffisamment énergique pour soulever le marteau en temps voulu. Mais comme il eût fallu remonter, chaque jour, le poids de cette machine, je me servis d'une force perdue, ou pour mieux dire non utilisée, pour remplir automatiquement cette fonction. A cet effet, j'établis entre la porte battante de la cuisine située au rez-de-chaussée et le remontoir de la sonnerie placé au grenier, une communication disposée de telle sorte qu'en allant et venant pour leur service, et sans qu'ils s'en doutent, les domestiques remontent incessamment le poids de ce rouage. C'est presque un mouvement perpétuel dont on n'a jamais à s'occuper.

Un courant électrique distribué par mon régulateur soulève la détente de la sonnerie et fait compter le nombre de coups indiqués par les cadrans.

Cette distribution d'heure me permet d'user, dans

certains cas, d'une petite ruse qui m'est fort utile et que
je vais vous confier, lecteur à la condition de n'en pas
parler, car ma ruse une fois connue manquerait son
effet. Lorsque, pour une cause ou pour une autre,
je veux avancer ou retarder l'heure de mes repas, je
presse secrètement sur certaine touche électrique
placée dans mon cabinet, et j'avance ou je retarde à
mon gré les cadrans et la sonnerie de la maison. La
cuisinière a trouvé que le temps passe souvent bien
vite, et moi j'ai gagné en plus ou en moins un
quart d'heure que je n'eusse pas obtenu sans cela.

C'est encore ce même régulateur qui, chaque
matin, à l'aide de transmissions électriques, ré-
veille trois personnes à des heures différentes, à
commencer par le jardinier.

Cette disposition n'a rien de bien merveilleux et
je n'en parlerais pas si je n'avais à signaler un
procédé assez simple pour forcer mon monde à se
lever lorsqu'il est réveillé. Voici le procédé : Le
réveil sonne d'abord assez bruyamment pour que
le dormeur le plus apathique soit réveillé et il con-
tinue de sonner jusqu'à ce qu'on aille déranger
une petite touche placée à l'extrémité de la cham-

bre. Il faut, pour cela, se lever ; alors le tour est fait.

*

Ce pauvre jardinier, je le tourmente bien avec mon électricité. Croirait-on qu'il ne peut pas chauffer ma serre au-delà de dix degrés de chaleur ou laisser baisser la température au-dessous de trois degrés de froid, sans que j'en sois averti.

Le lendemain matin, je lui dis : Jean vous avez trop chauffé hier soir ; vous grillez mes géraniums ; ou bien : Jean vous risquez de geler mes orangers ; le thermomètre est descendu, cette nuit, à trois degrés au-dessous de zéro.

Jean se gratte l'oreille, ne répond pas ; mais je suis sûr qu'il me regarde un peu comme sorcier.

Cette disposition thermo-électrique est également placée dans mon bûcher pour m'avertir du moindre commencement d'incendie.

*

Le Prieuré n'est point une succursale de la Banque de France ; toutefois, si modestes que soient mes objets précieux, je tiens à les conserver, et, dans ce but, j'ai cru devoir prendre mes précautions contre les voleurs : Les portes et fenêtres de ma demeure ont toutes une disposition électrique qui les relie avec le carillon et sont organisées de telle sorte que lorsque l'une d'entre elles fonctionne, la cloche résonne tout le temps de son ouverture.

Le lecteur voit déjà l'inconvénient que présenterait ce système si le carillon résonnait chaque fois qu'on se mettrait à la fenêtre ou qu'on voudrait sortir de chez soi. Il n'en est point ainsi : la communication se trouve interrompue toute la journée et n'est rétablie qu'à minuit (l'heure du crime) et c'est encore la pendule au picotin qui est chargée de ce soin.

Lorsque nous nous absentons de la maison la communication électrique est permanente et, le cas d'ouverture échéant, la grosse sonnerie de l'horloge dont la détente est soulevée par l'électricité sonne sans cesse et produit à s'y méprendre la sonnerie du tocsin. Le jardinier et les voisins même étant avertis de ce fait le voleur serait facilement pris au trébuchet.

*

Nous nous plaisons souvent à tirer au pistolet.
Nous avons pour cela un emplacement fort bien
organisé. Mais au lieu de la renommée tradition-
nelle, le tireur qui fait mouche, voit soudain paraître au-dessus de sa tête une couronne de feuillage.
La balle et l'électricité luttent de vitesse dans ce
double trajet; ainsi, bien qu'on soit à vingt mètres
du but le couronnement est instantané.

*

Permettez-moi, lecteur, de vous parler encore
d'une invention à laquelle l'électricité est tout à fait
étrangère mais que je crois devoir, toute fois, vous
intéresser : Dans mon parc se trouve un chemin
creux que l'on se voit, quelquefois, dans la nécessité de traverser. Il n'y a, pour cela, ni pont ni
passerelle. Mais sur le bord de ce ravin l'on voit un
petit banc ; le promeneur y prend place, et il n'est
pas plutôt assis qu'il se voit subitement transporté
à l'autre rive.

Le voyageur met pied à terre et le petit banc retourne de lui-même chercher un autre passager.

Cette locomotion est à double effet : il y a une
même voie aérienne pour le retour.

Je termine ici mes descriptions ; en les continuant je craindrais de tomber dans ce ridicule du propriétaire campagnard qui, dès qu'il tient un visiteur, ne lui fait pas plus grâce d'un bourgeon de ses arbres que d'un œuf de son poulailler.

D'ailleurs ne dois-je pas réserver quelques petits détails imprévus pour le visiteur qui viendrait lever le marteau mystérieux au-dessous duquel, on se le rappelle, est gravé le nom de

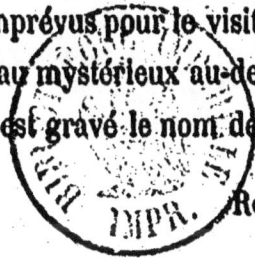

ROBERT-HOUDIN.

Blois, imp. LECESNE.

www.ingramcontent.com/pod-product-compliance
Lightning Source LLC
Chambersburg PA
CBHW070758220326
41520CB00053B/4532